動物求生絕活術

超過75種驚奇的動植物生存技巧

約塞特·里夫斯 著

雅思亞·奧蘭多 繪

新雅文化事業有限公司
www.sunya.com.hk

新雅·知識館
動物求生絕活術：
超過75種驚奇的動植物生存技巧
作者：約塞特·里夫斯（Josette Reeves）
繪者：雅思亞·奧蘭多（Asia Orlando）
翻譯：張碧嘉
責任編輯：陳奕祺
美術設計：徐嘉裕
出版：新雅文化事業有限公司
香港英皇道499號北角工業大廈18樓
電話：（852）2138 7998
傳真：（852）2597 4003
網址：http://www.sunya.com.hk
電郵：marketing@sunya.com.hk

發行：香港聯合書刊物流有限公司
香港荃灣德士古道220-248號荃灣工業中心16樓
電話：（852）2150 2100
傳真：（852）2407 3062
電郵：info@suplogistics.com.hk
版次：二〇二四年六月初版

ISBN:978-962-08-8360-6
Original Title: *How Not to Get Eaten:*
More than 75 Incredible Animal Defenses
Text copyright © Josette Reeves 2022
Illustrations © Asia Orlando 2022
Copyright in the layouts and design of the Work
© Dorling Kindersley Limited
A Penguin Random House Company
Traditional Chinese Edition
© 2024 Sun Ya Publications (HK) Ltd.
18/F, North Point Industrial Building,
499 King's Road, Hong Kong
Published in Hong Kong SAR, China
Printed in China

For the curious
www.dk.com

這本書是用Forest Stewardship Council®（森林管理委員會）
認證的紙張製作的——這是 DK 對可持續未來的承諾的一小步。
更多資訊：www.dk.com/our-green-pledge

目錄

導論

　　對許多野生動物而言，生命裏充滿了危機。如果不想成為捕食者的晚餐，就必須運用一些生存策略。在動物王國裏，你可以看到大量的巧思妙計！有些動物會威嚇牠們的攻擊者，令其退縮不敢上前，也有些動物會用神秘的舞步來混淆敵人的視聽；有些動物會隻身上陣，有些則會組織隊伍共同抗敵；有些會昂然迎戰，有些則會逃跑或者且戰且退。要生存，沒有唯一的法則，各種動物都按照自己的長處施展才能。

　　植物又如何呢？植物無法逃跑，也無法反擊敵人，面對草食性動物，植物似乎束手無策！然而，在保護自己這方面，植物跟動物大同小異。有些植物長出盔甲，有些則智取，它們的策略可能比你想像中還要多，有些甚至帶有一點點暴力。

　　這些保護自己的策略是否一定管用？事實是——不一定有用。雖然動物和植物都掙扎求存，但依然每天都遭到吞吃。不過，這也不見得就是壞事，因為每一種生物都需要進食。捕食者能協助維持生態系統中的平衡，確保沒有任何一個品種的動物數量過多，以致生態失衡。

　　然而，捕食者要覓食的確不易，因為牠們的獵物常常以出奇不意的方式作出迴避。讀者們，你們將會在本書發現動植物的各種生存之道！

如何覺察捕食者？

如果不想被捕食者吃掉，動物總要眼觀四面、耳聽八方，甚至還要用上鼻子，或其他身體部位。

宅泥魚

許多魚類（包括下面這種身上帶有條紋的珊瑚礁魚）會運用頭部的鼻孔嗅出危機。

港海豹

有些港海豹不單會聽出殺人鯨的聲音，還能分辨那些鯨類是吃魚還是吃海豹的！

馴鹿

馴鹿能看見人類看不到的紫外光。狼的毛吸收了紫外光，使牠們在雪地上格外深色顯眼。

山鷸

山鷸的眼睛長在頭部較後和較高的位置。即使忙於進食，牠們也能留意四方八面是否有捕食者（例如貓頭鷹或鼬鼠）走近。

瓢蟲

有時候，草食性的山羊在吃草時會不小心把昆蟲也吃掉。然而，瓢蟲能感應到哺乳動物呼氣中的溫度和濕度，並趕快逃走！

蟋蟀

蟋蟀的腹部末端有兩條尾鬚。每條尾鬚覆蓋着數百條細小的毛髮，能感知捕食者靠近時空氣的流動！

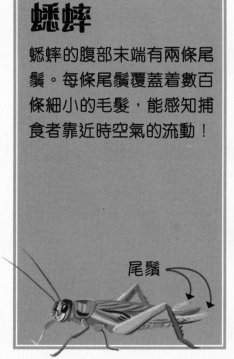

尾鬚

成年貘

幼年貘

防貓偽裝

幼年貘（粵音莫）身上有條斑和斑點，跟牠們父母的樣子大相逕庭。相比成年貘，幼年貘更容易被斑貓盯上，而這些條紋能讓牠們藏身於陽光斑駁的森林中。

鸕鷀

化身蘆葦

偽裝有時還需要演戲呢。鸕鷀（粵音盧慈）身上的條紋跟牠們身處的生境蘆葦牀非常相似，但若牠們留意到有捕食者在附近，便會仰起頭來，將喙指向天空，使牠們看起來像是蘆葦。如果微風輕吹，牠們還會跟蘆葦一樣左右擺動呢！

巧妙的偽裝

只要捕食者看不見獵物，便無法獵食牠了！動物只要巧妙偽裝，就可以如常生活，繼續覓食、尋找伴侶，或者睡覺，不用擔心會被捕食者盯上或認出。

化石證明了會偽裝的動物早在1億年前已經存在,連一些恐龍也以偽裝避開捕食者呢!

斑食蜜鳥

救命的皮毛

岩袋鼠的進化讓牠們可以避開貓頭鷹銳利的目光。大部分住在北美洲的嚙齒動物都擁有淺色的皮毛,以配合生活環境中的淺色石頭。然而,有些岩袋鼠住在黑火山石區,牠們的皮毛便進化成深色。

鳥糞蛛

岩袋鼠

乾淨的偽裝糞

顧名思義,當鳥糞蛛將雙腳緊貼身體時,看起來就像一堆鳥糞,使到鳥類等捕食者都對牠們興致索然!鳥糞蛛必須靜止不動才能偽裝成功,否則行走的鳥糞只會令人起疑,所以牠們通常在日間休息,到了晚上才趁着夜色的保護覓食。

假扮枯葉

假如捕食者想要吃一頓肉來果腹，一塊葉子應該不會引起食慾，更遑論一塊枯葉！難怪有些動物會化為枯葉騙過敵人。

既是蝴蝶也是枯葉

枯葉蝶常見於東亞和南亞，牠們的顏色有時非常鮮豔。但當牠們收起翅膀時，樣子一點也不可口，只像一塊枯葉，枯葉蝶的名字便由此而來。

動物的其中一種偽裝方法，就是假扮成枯枝或枯葉。即使捕食者看得見牠也不要緊，只要牠們認不出這是自己慣常的食物就沒有問題了。

枯葉蝶
（翅膀展開）

完美偽裝

19世紀時，英國博物學家阿爾弗雷德·羅素·華萊士觀察了枯葉蝶的生活，並形容牠們的偽裝是完美的。枯葉蝶的偽裝得以證明華萊士和博物學家查理斯·達爾文的「天擇演化」理論是正確的。偽裝得更好的蝴蝶有更大的生存機會，繁衍後代。枯葉蝶經過了漫長的演化，越來越像枯葉了。

找不同

枯葉蝶的翅膀不但在顏色和形狀上都很像枯葉，甚至連花紋都模仿得惟肖惟妙。牠們把葉面上的中脈（中央的主線）和旁邊的細小葉脈都複製過來，而翅膀上的黑斑也在模擬腐爛葉子上的真菌，有些蝴蝶甚至還有好像小洞的斑紋呢！

位置對枯葉蝶來說很重要。牠們通常棲息在枯葉堆中，這樣才能把偽裝才華發揮到最大作用。

枯葉蝶
（翅膀合上）

松鯛

年幼的松鯛住在靠近紅樹林的沿海地帶，紅樹林的黃色枯葉會掉到水中，而松鯛就把握這個機會偽裝一番，游到水面躺在枯葉的旁邊。這樣看來，水上除了有兩塊枯葉外，什麼都沒有啊！松鯛運用這個策略來避開捕食者，並在覓食時可以隱藏自己。

11

偽裝能手

除了昆蟲和蜘蛛，還有一羣海洋軟體動物把偽裝術轉化成一門藝術！

墨魚和章魚可以透過推拉皮膚上的腫塊「乳突」，而改變自己的質感，按不同情況變得凹凸不平或平滑！

快速變裝

墨魚、魷魚和章魚都是屬於軟體動物的頭足綱類別，因為能夠瞬間改變身體的顏色和斑紋而聞名。牠們的皮膚有數千，甚至數百萬個色素細胞—— 一些載滿顏色的小袋子。頭足綱動物會擴展或收縮色素細胞，令自己變色或使某種顏色消失。

墨魚

減少電場輸出

鯊魚這種捕食者雖然未必能夠看得見偽裝了的頭足綱動物，但牠們的頭部有許多接收器，可以感應到獵物傳出的電場。所以，當墨魚看到有鯊魚逼近，就會靈巧地減少呼吸，蓋住身體的氣孔，保持靜止不動，盡量減少身體傳出電場！

海藻章魚運用兩隻爪在海牀上向後走，看起來像一條飄浮的海藻。

引擎冷卻

預先準備臨時逃生計劃總是好的，有一些頭足綱動物會用噴射式的方法，激烈地逃離捕食者，但這隻迷你海藻章魚的逃跑方法相對低調。牠能夠靠着精妙的偽裝，輕鬆地走路離開。

海藻章魚

細菌之友

夏威夷短尾魷魚只有一隻拇指般大小，牠們會在晚上到淺水區覓食。為了不讓捕食者發現，牠們會借助細菌的幫助！這些細菌住在魷魚體內一個特別的器官裏，而且能生物發光，即是說這些細菌具有奇異的發光能力。

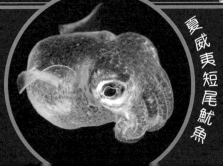

夏威夷短尾魷魚

星光化身

夏威夷短尾魷魚的身下透出光芒，讓牠們看起來跟透進水裏的月光和星光相似。不僅如此，牠們還能按照每晚的狀況來調節光暗程度。為了回報細菌的幫助，短尾魷魚會為細菌提供所需養分。

隱藏身形
與氣味

即使許多動物會偽裝成一些捕食者不感興趣的東西，但捕食者會否還是能把牠們嗅出來呢？有時候的確如此，有時候卻說不準呢！

尖吻單棘魨是一種「食珊瑚動物」。

關鍵的珊瑚

在印度洋和太平洋，耀眼的尖吻單棘魨（粵音團）大部分時間都在吃珊瑚蟲。珊瑚蟲是一種細小的觸鬚生物，牠們會成千上萬地聚集在一起，形成珊瑚及大型的珊瑚礁。珊瑚為尖吻單棘魨提供了關鍵的棲息地，防衛牠的捕食者。

安穩地睡覺

隨着夜幕降臨，尖吻單棘魨會採用特別的睡覺姿勢，來防止自己在半夜中被吞吃。牠們會置身於珊瑚中並收起魚鰭，再將淡色的尾巴指向上，加上身上的圓點，使牠看起來不像一條魚，反而像珊瑚的一部分。

散發珊瑚味

利用外表避開捕食者，只是尖吻單棘魨的招數之一。不少捕食者會用嗅覺來搜尋獵物，但由於尖吻單棘魨天天吃珊瑚，連氣味也變得很像珊瑚！當牠們躲在自己的珊瑚大餐裏，其天敵鱈魚就嗅不出牠們的氣味。利用氣味來躲藏的做法，稱為「化學偽裝」。

紅鈎吻鮭幼魚

強壯紅點鮭

中華蜜蜂

結伴同遊

每年春天，數百萬條紅鈎吻鮭幼魚會從加拿大的奇爾科湖，遷移到太平洋，途中會遇到許多捕食者。科學家發現，這些幼魚連羣結隊地遷徙，會有較大的生存機會，因為牠們數量龐大，沿途的捕食者每次能捕獵的數量都有限，所以有些幼魚能平安地去到目的地。

團結就是安全

雖然有些動物獨自生活能好好照顧自己，但羣體生活也有很多好處，例如能減少被捕食的機會。羣體動物不但能更快發現捕食者，還能團結起來威嚇或攻擊敵人，甚至集體逃跑呢！

熱殺大黃蜂

中華蜜蜂若遇上大黃蜂，為免牠入侵牠們蜂巢，都會留下來，堅定地保衞家園。數以百計的蜜蜂會形成蜜蜂球，把入侵者包圍在其中，然後合力振動飛行的肌肉，使蜜蜂球內的溫度升至46˚C以上，將大黃蜂活活悶死！

一隻也不能少

白面捲尾猴是羣居動物，牠們不害怕對抗捕食者，還會口手並用來攻擊敵人。有人曾見過白面捲尾猴從紅尾蚺（粵音嚴）口中拯救出同伴，牠們拍擊和咬嚙紅尾蚺，再拉走險象環生的猴子！

白面捲尾猴

紅尾蚺

抹香鯨

抹香鯨的防衞圈看來有點像一朵花，而牠們的身體就像花瓣。這個策略名為「瑪格麗特花陣」，是按瑪格麗特花而命名的。

安全的圓圈

當抹香鯨受到殺人鯨的威脅時，牠們就會在海面形成一個防衞圈，運用有力的尾巴來拍打水面，趕走捕食者。年幼或受傷的抹香鯨會留在防衞圈的中間，由外圍的抹香鯨來保護。

殺人鯨

通風報信

身為羣居的動物，向同伴傳遞捕食者臨近的消息是基本禮貌。

埋頭挖沙

狐獴每天大約花 8 個小時在南非的沙土裏挖掘昆蟲和蠍子。牠們埋頭挖沙，難以察覺捕食者臨近，而想要捕食牠們的動物可不少，包括地上的豺狼、斑貓，以至空中的鷹。幸好，狐獴是羣居的動物，能互相倚賴，確保彼此安全。

輪流站崗

狐獴會輪流停止覓食，充當哨兵，負責幾分鐘的看守工作，留意危機。這些哨兵會站在一個較高、視野更遠更清楚的地方，一旦發現危險臨近，就會馬上警告同伴。狐獴發出的警示變化多端，非常複雜，警示的資訊包含捕食者的類型、距離有多遠等。

躲藏起來

狐獴羣對不同的警報，反應不一，要是情況緊急，牠們會立刻跑到躲避處。狐獴在牠們的領域裏有超過1,000個躲避處，讓牠們在緊急情況下藏身。

站着凝望

在一些不太危險的情況下（例如捕食者只是在遠距離慢慢走動），狐獴會用後腳站立，保持警惕。

安全之歌

如果沒有發現捕食者，哨兵會讓其他狐獴知道現況安全。牠們會定期發出柔和的呼喚，代表着「一切安好，大家可以安心覓食！」，這也稱為「看守者之歌」。

正在站崗的狐獴

冠鳩

澳洲冠鳩會以哨聲來發出警告，但牠們並不是用喙來吹哨的。牠們左右翅膀各有一根羽毛長得特別狹窄，當拍翅起飛時，這兩根羽毛會發出一種高音的哨聲，拍翅越快，聲音越大。所以，當一隻冠鳩匆忙地逃離捕食者時，其他冠鳩便會聽見聲響，把握時機飛走！

聚居的狐獴羣可以多達50隻狐獴。

19

最佳拍檔

要成為最佳拍檔，不一定大家都是相同品種的動物！即使是截然不同的物種，只要各有所長，就可以組成隊伍共同求存，互惠互利。

保持聯繫

當槍蝦忙着在水底覓食或修補地洞時，鰕虎魚便會在地洞入口看守。槍蝦會把一條觸鬚搭在鰕虎魚身上，如果鰕虎魚發現附近有捕食者，就會搖動尾巴通知槍蝦。

分工合作

有數個種類的槍蝦都喜歡跟魚類互相合作。槍蝦花很多時間在海牀挖地洞，而鰕虎魚會與牠一起住在洞中。雖然鰕虎魚完全沒有幫忙挖洞，但牠會在其他方面幫上忙。因為鰕虎魚視力極佳，而槍蝦幾乎是盲的，所以鰕虎魚會成為槍蝦可靠的眼睛。

逃離危險

當槍蝦感受到鰕虎魚擺動尾巴發出警告，就會立刻逃進地洞裏！有時鰕虎魚會跟着一起躲進地洞，有時則會繼續留在洞外觀察捕食者。

潛入地洞

在黑暗的水中浮游實在太危險了，所以入夜後，槍蝦和鰕虎魚會雙雙躲入地洞。槍蝦還會將入口封住，確保牠們在地洞安全。第二天早上，鰕虎魚會從沙土裏探出頭來，再次打開地洞的入口。

鰕虎魚

槍蝦

每個地洞都可以容納 1 至 2 隻，甚至 3 隻槍蝦，以及 1 至 2 條鰕虎魚。

21

防禦之舞

有些雀鳥會在晚上一同棲息，以互相取暖、確保安全，甚至分享資訊。其中一種雀鳥在棲息時，有一個特別令人目眩神迷的習慣。

睡前舞曲

在秋冬季的睡前時刻，大量的歐洲椋鳥（椋，粵音良）會在空中飛來飛去，俯衝或盤旋，跳着一支只有牠們懂的舞。有時，甚至會有超過一百萬隻椋鳥參與！人類對椋鳥這種行為大惑不解，牠們是怎樣跳出這支舞，又為什麼要這樣做呢？

心有靈犀？

看着一大羣歐洲椋鳥富有默契地在天際翱翔，很容易令人以為牠們心有靈犀。早在20世紀初期，一名鳥類專家提出椋鳥能互相溝通。現在的專家則認為，每隻椋鳥都在模仿最接近牠的6至7隻同伴的動作，但由於牠們模仿的速度太快，看起來像是同時移動。

椋鳥羣飛過時，拍動翅膀的聲音非常響亮，這種現象稱為「羣飛」。

除了南極洲外，在每個洲都能找到「歐洲」椋鳥。

白頭鷂

歐洲椋鳥

擾亂敵人

沒有人能明確知道為什麼歐洲椋鳥會在日落時飛舞，但許多科學家都認為這是為了避免被潛伏在附近的捕食者盯上。畢竟，「鳥」多勢眾，有這麼多對眼睛就更能留意附近有沒有威脅。椋鳥羣飛舞時會一直改變形態，令捕食者不能輕易看準某一隻鳥來攻擊。

晚安

跳完舞後，歐洲椋鳥便會找個地方快速入睡。牠們會棲息在不同地方，包括自然保護區、城市中心以及碼頭。

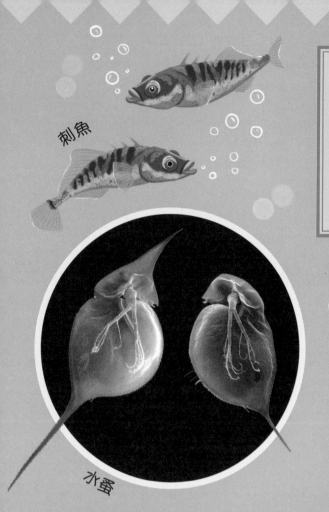

刺魚

水蚤

訂製盔甲

有些水蚤只會在必要時才運用盔甲。當牠們嗅到水中有敵人的氣味，就會生出尖刺或頭盔來保護頭部！其中一個品種還會在頭部和尾部長出很長的尖刺，令牠們的天敵——三刺刺魚無法攻擊牠們。

以盔甲
自保

　　動物天生的盔甲，例如殼、盾、鱗或刺，都是牠們生存的關鍵，足以預防被抓住和吞吃，逃過一劫。

嚴禁內進

大尾澳虎會運用牠們那奇怪、充滿骨感的尾巴，來保護家園。這種生活在澳洲的爬行動物常常會躲在荒廢的蜘蛛地洞裏作庇護，把頭向下，將尾巴舉起像活塞般堵住洞口，禁止敵人入侵。

大尾澳虎

巨骨舌魚

巨骨舌魚的鱗片

紅腹食人魚

層層外衣

巨骨舌魚體形龐大,可以長達3米。不過,即使是大魚,也有被食人魚咬嚙的危機。但巨骨舌魚一點也不怕,因為牠們身上有多層魚鱗。這些魚鱗由堅硬的外層和柔軟但堅韌的內層組成,非常牢固,使到食人魚無法咬穿。

石鱉會在淺水區和石岸上出沒,無論身處水中還是水外,牠們都能看見。

西印度石鱉

螃蟹

以數百顆眼睛監視

西印度石鱉的保護殼上長了數百顆小眼睛,而構成眼睛的物質跟牠們保護殼的物質一樣。這隻軟體動物的視力不算很強,但也能看見大約2米外的捕食者,讓牠們有足夠時間抓住石頭,不被捕食者扯走。

蜷成堅硬的球體

穿山甲

動物蜷成球狀，可以保護身體柔軟的部分，並用堅硬的盔甲抵擋捕食者。這種防禦策略相當有效，而且幾百萬年來在許多物種中不斷進化。

安全盔甲

在所有哺乳動物中，只有8個品種的穿山甲是真正有鱗片的。牠們幾乎全身都披着尖銳的鱗片，堅不可摧，只有喉嚨和肚子等部位比較柔弱，易受攻擊。穿山甲若感到有危機，就會立刻蹲下來蜷縮成一個球狀，只露出背部盔甲，使捕食者無法攻擊牠們。

犰狳蜥

南非犰狳蜥（粵音求如色）會咬着自己的尾巴，蜷成球狀，靠着牠們那尖銳的鱗片，防禦飢餓的獴。當犰狳蜥蜷成球狀，獴便很難把牠們吞下。

三葉蟲

三葉蟲可能是最早以蜷成球狀的方法來自保的動物。牠們生存於5億年前，現已絕種，但在許多化石中都可以找到牠們蜷成球狀的樣子，證明牠們用外骨骼來保護身體較柔軟的部分。

小心尾巴

若捕食者試圖強行撬開蜷成球狀的穿山甲，很可能被穿山甲堅硬、布滿鱗片的尾巴大力擊倒！

面臨絕種危機

在亞洲和非洲，人類會捕捉穿山甲來烹煮，又會用牠們的鱗片來製藥。若然人類不停止濫捕穿山甲，這種珍貴的生物便會從此消失。現時穿山甲被世界自然保護聯盟評為「易危」至「極危」。

穿山甲的英文名字pangolin，來自馬來語penggulung，意即「蜷起來的」。

保護罩建築師

如果動物沒有天生的硬殼或尖刺保護，面對敵人時可以怎樣做呢？有些聰明的物種會用唾手可得的物料，例如由身體自然排出的糞便，自行製作盔甲。

棕櫚龜甲蟲（成蟲）

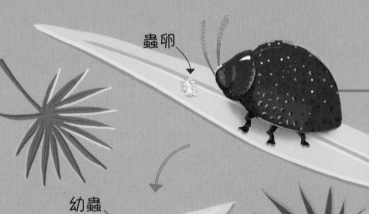

蟲卵

幼蟲

茶翅蝽

柔軟的幼蟲

美國南部的棕櫚龜甲蟲會在棕櫚葉上產下一顆蟲卵。雖然棕櫚龜甲蟲的翅膀有堅硬的外殼，但幼蟲的身體則很柔軟。蟲卵孵化後，幼蟲就會排出長長的糞便包圍自己，形成一個保護盾！

糞便保護罩

新生的幼蟲只要轉動身體，就可以控制排出的糞條向哪一邊延伸。然後，牠會再排出一種膠水狀的物料，將這些糞條固定在身體末端伸出的尖刺上。

大部分的昆蟲捕食者看見這令人驚歎的盾牌，都懶得與其糾纏。

石蛾

在蛻變成飛蟲之前，石蛾在幼蟲時期的頭幾個月至數年間，會居住在湖泊或溪流之中。這些地方危機四伏，石蛾幼蟲會把身邊的石子、樹枝、沙粒，甚至蝸牛殼，用絲黏起來，建造一個保護罩。

石蛾
（成蟲）

把自己保護起來
的石蛾幼蟲

棕櫚龜甲蟲的幼蟲在保護罩之下成長，直到牠們成長為成蟲。

棕櫚龜甲蟲（幼蟲）

我們也會怕火！

火蠑螈自衞時，皮膚會噴出毒素，而牠們身上光鮮的斑點亦表明其危險性。「火蠑螈」的命名來自人們一度誤以為牠們不怕火，但其實這種兩棲動物平時會躲在木頭下或林中陰涼的位置休息，只會在晚上和雨天出沒。即使在微弱的光線下，牠們這種帶有警告意味的顏色，很容易引起捕食者的戒心。

火蠑螈

帝王斑蝶

警示訊號

為免遭受攻擊，不少動物會向敵人作出警示，表示牠們不好吃或非常危險。捕食者通常認為一些顏色鮮豔、有獨特氣味或會發出奇異聲響的動物都是不宜進食的獵物，便會避開牠們。

乳草上的
帝王斑蝶幼蟲

有毒的翅膀

帝王斑蝶的幼蟲形態只會吃乳草，而乳草是一種有毒植物，大部分動物都受不了這種毒性。這些毒素會留在幼蟲體內，伴隨牠們轉化成蝴蝶。牠們以鮮豔的顏色向捕食者示警：若雀鳥若吃了我，可能會嘔吐不止啊！

棕樹蛇

黑頭林鵙鶲

危險的氣味

黑頭林鵙鶲棲息於新幾內亞，是世界上少有的毒鳥之一。牠們除了身上有鮮明的顏色，還會發出一股惡臭，警告捕食者牠們的皮膚和羽毛都充滿毒素。居住在新幾內亞的人類更稱牠們為「垃圾鳥」！

豹

動物如實警告捕食者的策略稱為「警戒作用」（aposematism），這術語源自希臘語「遠離」和「提示」二字。

多刺的獵物

對捕食者而言，身披黑白色外衣的獵物代表棘手的一餐，而最棘手的莫過於箭豬，這種顏色組合突出了牠們身上那可怕的尖刺。這些好鬥的齧齒動物還會抖動尾巴上的尖刺，威嚇捕食者打道回府。

箭豬

豹燈蛾

夜間出沒的豹燈蛾只是11,000種燈蛾裏的其中一種。

螢火蟲

為什麼螢火蟲都能在腹部發光呢？螢火蟲會運用牠們美麗的生物發光能力來吸引異性，但發光也是為了警告蝙蝠牠們身上有毒！雖然蝙蝠是靠聲音來捕獵的能手，但牠們不是全盲的，看見那些亮起的腹部，蝙蝠便知道那是危險的標誌，要盡量避開。

防範蝙蝠

許多蝙蝠都會大肆捕食昆蟲，但如果牠們不想吃到難吃的，甚至有害的昆蟲，可以怎樣避免吃掉這些劣質食物呢？

伏翼

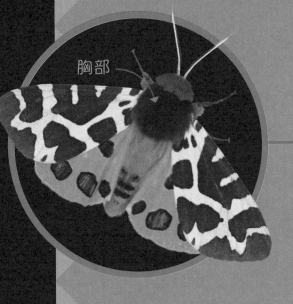

胸部

懂得偷聽的昆蟲

很多蝙蝠都會利用「回聲定位」的方法來捕獵，牠們發出高頻的聲波，再聆聽聲波的回音，就能在黑暗中偵測獵物的位置。蝙蝠食量驚人，例如伏翼這種蝙蝠，可在一晚內吃掉3,000隻昆蟲！不過有些昆蟲能偷聽蝙蝠的聲波，例如豹燈蛾的胸部有耳朵，可聽出蝙蝠飛行的方向。

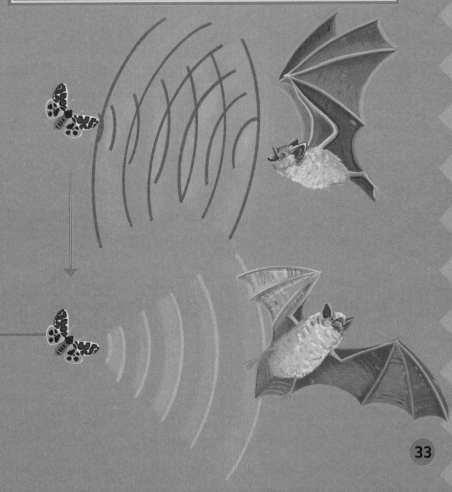

豹燈蛾的信息

豹燈蛾不僅能聽見敵人的聲音，還能回應牠們。豹燈蛾透過收緊和放鬆連接鼓膜（胸部上發出聲響的器官）的肌肉，也能發出高頻的聲波。豹燈蛾滿身毒素，牠們發出聲響警告蝙蝠：「我很難吃的！」蝙蝠似乎能明白這個信息，透過豹燈蛾的警告聲波，知道牠們味道不好又有毒，就會避開牠們。這真的是雙贏的方案！

美麗有害

既然天生出眾，又何必保持低調？
有些動物堅守這樣的座右銘，以鮮明
突出的外表，嚇走敵人。

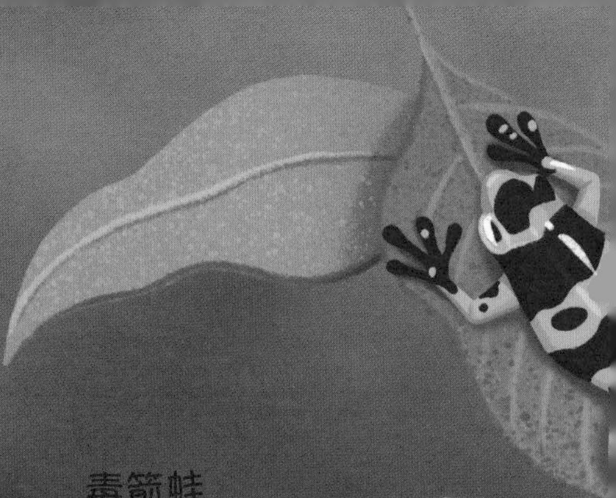

毒箭蛙

細小但強大

中美洲和南美洲的毒箭蛙體形
雖小，但絕不柔弱。許多毒箭
蛙的皮膚都含有毒性，令牠們
味道不佳，甚至可以把捕食者
毒死。毒箭蛙身上鮮豔的顏色
像一盞訊號燈，提示那些以視
力捕獵的動物如雀鳥，不要吃
牠們。

遠離毒箭蛙

圖中的黃金毒箭蛙只有5厘米
長，但牠已經屬於體形較大
的品種，也是世上含毒量最
高的動物之一，其毒素足以
殺死10個人！

無毒不歡

生活在野外的毒箭蛙會吃一些帶有毒性的小生物，例如螞蟻和蟎，但毒箭蛙不會因此身體不適，反而會將小生物的毒素貯存到自己的皮膚腺裏，作好準備用來對付捕食者！

草莓毒箭蛙

熱情地高歌

毒箭蛙不僅顏色鮮艷，牠們的行為也同樣引人注目。毒箭蛙無懼在日間離開森林，也不怕發出嘈吵的聲響。雄性草莓毒箭蛙不會躲在葉子堆安靜等待，為了求偶，牠們會蹲在木頭或葉子上的當眼處，大聲高歌，吸引雌蛙。因為穿上了這件鮮色外衣，令捕食者都退避三舍，牠們可以無遮無擋放膽求偶，而不需要擔心被捕食者吃掉。

草莓毒箭蛙又名牛仔褲毒箭蛙，下半身就像穿上了牛仔褲！

跳蛛

學習走路

螞蟻會螫擊、咬嚙敵人，甚至噴射酸性液體。但左圖這隻不是螞蟻，而是蜘蛛！狡猾的蜘蛛利用捕食者對螞蟻敬而遠之的優勢，刻意扮成螞蟻。另外，螞蟻會沿着同伴留下的化學物痕跡，以「之」字形爬行，而蜘蛛也學會這種走路方式。

螞蟻

現時有數百種蜘蛛進化成螞蟻的模樣。

陰謀妙計

對某些動物而言，如實警示敵人最管用，但有些動物喜歡用謊言來逃避捕食者。牠們運用計謀，混淆敵人視線，擊退或嚇走捕食者。

裝胸作勢

充大體形是動物威嚇敵人的常用招數，令捕食者以為牠們比實際龐大而且難纏！許多貓頭鷹無論老邁或年幼，都善於運用此計。貓頭鷹會拍鬆羽毛，展開翅膀，有時還會搖晃身體，用喙發出聲響。

長耳鴞（粵音僥）

巨大的頸褶

澳洲和新幾內亞的這些傘蜥看似很兇狠，但只是虛張聲勢，其實不可怕。當遇上危險，牠們會張開口，揚起頸褶，發出憤怒的嘶嘶聲，使捕食者覺得牠們太巨大、太可怕，放棄捕獵或猶疑半秒，令傘蜥有機會逃走！

傘蜥

斑姬鶲（粵音翁）

孔雀蛺蝶

炯炯有神的眼睛

孔雀蛺蝶（蛺，粵音夾）休息時通常會合起翅膀（看起來像塊枯葉），但若有捕食者靠近，牠們就會展開翅膀，露出一對「眼睛」——眼狀斑點。雖然這無助於加強視力，但能把一些吃昆蟲的小型雀鳥嚇倒，使牠們以為那些眼睛屬於比自己更大型、會捕食自己的雀鳥！

是蠅還是蜂？

許多蜜蜂和黃蜂的尾後都有螫針作自衞用途，令某些捕食者攻擊前三思，但並不是所有外表像蜂類的昆蟲都有螫針的。

動物模仿另一種危險或討厭物種的做法，由英國博物學家亨利·貝茲研究發現，所以後世以他命名，稱為「貝氏擬態」。

令人害怕的黃黑外衣

世上約有6,000種食蚜蠅，牠們因為經常在花間徘徊採花蜜和花粉而又名花虻。這種無害、不會螫人的食蚜蠅，外表都進化成像蜜蜂或黃蜂的樣子，以嚇走雀鳥或其他捕食者。

黃蜂

食蚜蠅

觸角

黃蜂通常有很長的觸角，食蚜蠅的觸角則短小。

所以，為了營造「兩條長觸角」的假象，有些食蚜蠅會將兩隻深色前腳放到頭頂！

大黃蜂

食蚜蠅

披着蜂皮的蠅

大黃蜂身上披了一層濃密的毛髮，看上去毛茸茸的，而這隻狡猾的食蚜蠅，也穿上了毛茸茸的外衣。乍看之下，食蚜蠅看起來很像大黃蜂。其他捕食者若不想被螫中臉部的話，似乎不應以身犯險嘗試捕食這隻昆蟲。於是，食蚜蠅又可以多活一天了。

食蚜蠅的重要性

人類也很少接觸食蚜蠅，因為我們跟其他捕食者同樣怕被牠們螫傷。然而，食蚜蠅跟蜜蜂和黃蜂一樣，都對傳播植物花粉很有貢獻，不妨感謝牠們！

就像其他蒼蠅，食蚜蠅有一對翅膀，而蜜蜂和黃蜂則有兩對翅膀。

狡詐如蛇

當動物在覓食時，牠們最害怕看見或聽到可怕的蛇走近。因此，偽裝成蛇的造型來保護自己，也不失為一個好方法。

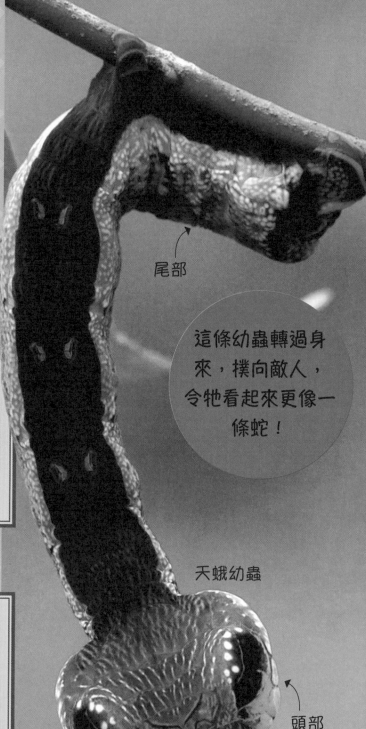

尾部

這條幼蟲轉過身來，撲向敵人，令牠看起來更像一條蛇！

天蛾幼蟲

頭部

當計劃失敗

天蛾幼蟲通常隱身於森林，假扮成植物的一部分，雖然這計劃很有用，但也會有失效的時候。一旦被雀鳥或其他捕食者發現，幼蟲就必須轉換策略。

表演時刻

天蛾幼蟲先固定好尾部，然後全身向後仰，準備表演牠的偽裝大法。

反客為主

天蛾幼蟲鼓起頭部，露出身下兩個明顯的斑紋，在陽光照射下酷似蛇眼！幼蟲透過化身成一條危險的蛇，希望嚇走捕食者。

貓頭鷹環蝶

當貓頭鷹環蝶幼蟲準備羽化成蝶時，牠們會將自己固定在植物上，蛻去舊皮，並在新的堅硬皮膚（蝶蛹）內懸掛。然而，幼蟲化蛹的生命階段還是很脆弱的，牠們沒法避開捕食者，所以能有一個看起來像蛇頭的蝶蛹，絕對是致勝的關鍵。蝶蛹被碰觸時，還會輕輕搖晃呢！

貓頭鷹環蝶
的蝶蛹

響尾蛇

穴鴞

穴鴞會借用其他齧齒類動物的舊洞穴來作為安樂窩。牠們要面對包括貓、鼬鼠和獾等敵人，為了生存，牠們向響尾蛇學習。有毒的響尾蛇會用尾巴發出聲響來嚇走敵人，而穴鴞也會發出類似的聲響。如果捕食者走近穴鴞的地洞，牠們就會用喙發出一種類似響尾蛇的嘶嘶聲驅趕敵人。

負鼠

若被捕食者捉個正着，負鼠就會倒下來，流着口水，並從肛門腺釋放出難聞的液體。究竟這隻負鼠是嚇昏了，還是試圖糊弄敵人，用臭味嚇走牠？沒有人能肯定。但有時裝死或釋放臭味，會令捕食者離開。負鼠這種裝死的做法家傳戶曉，有為了生存，真不容易啊！

裝死賣活

有些動物會在遇上危險時裝死，包括青蛙、竹節蟲、甲蟲、鴨子和蜥蜴。雖然這樣做似乎要冒很大風險，但當無計可施時，或許可以試試這招奇怪的殺手鐧，看看能否死裏逃生。

先膨脹起來

面對威脅時，豬鼻蛇會將頭頸壓得扁平，將身體充大，使牠們看起來更大、更可怕。牠們還會對着捕食者發出嘶嘶聲及撲擊，但很少真的咬對方，其尖牙主要用來對付獵物。如果充大身體沒用的話，牠們就會啟動死亡演戲程序。

科學家觀察到幼年的豬鼻蛇經常裝死，認為牠們或許天生就懂得運用這方法來保護自己。

豬鼻蛇

奧斯卡金像獎影帝就是你！

豬鼻蛇會全身抖動，表現出患了病重、非常痛苦的樣子，甚至會排便和嘔出食物。牠們會全身癱軟，背向地面，伸出舌頭，看起來和嗅起來都令人倒胃口。有時牠們口中還會吐點血，令假死更逼真。

死而復生？

當危機解除，豬鼻蛇就會輕輕鬆鬆地反過身來，回復正常，看來像死而復生一樣。難怪豬鼻蛇又被稱為「喪屍蛇」啊！

荒漠袋鼠

體操攻擊

面對來勢洶洶的響尾蛇，荒漠袋鼠毫不退縮！牠們會躍到半空，扭動身體，用強而有力的後腿把響尾蛇踢開，然後逃跑。在這驚險的瞬間，速度、力量和敏捷度都是逃生的關鍵，令荒漠袋鼠可逃過毒蛇的毒液。

戰鬥吧！

　　許多動物都不會甘心被敵人吃掉，牠們會拚命反擊，戰鬥到底。不論是尖牙、壯臂，還是令人嘔心的體液，牠們會用任何武器，與敵人拚死一戰。

德州角蜥

截尾貓

噴濺血液

德州角蜥可以從自己的眼睛噴出血液，濺入敵人的口中！這種策略通常用在對付貓科或犬科的捕食者身上，例如截尾貓和狐狸。這些捕食者特別討厭這種味道，被德州角蜥的血濺中後，都會搖頭吐舌，想要甩掉血液。

嘔出臭油

年幼和成年的暴雪鸌都會透過嘔吐來保護自己。牠們對着敵人嘔吐，噴射出高達3米的惡臭胃油。對鳥類捕食者而言，這種胃油不單相當噁心，更有致命危險，因為鳥類的羽毛沾上油後，可能會嚴重影響飛行。

在古諾斯語（古北歐語）中，「暴雪鸌」的意思是「噁心的海鷗」。

暴雪鸌

電鰻

以電擊自衛

電鰻分布在南美洲的水域，牠們的身體有超過四分之三的器官都能發電，所以能夠發出電擊，有效擊暈獵物和對抗捕食者。牠們甚至可以躍出水面，向包括人類在內的潛在敵人，施以電擊！

絕處逢生

即使已經落入捕食者的口中，也不要放棄掙扎，不要接受命運坐以待斃，只要一息尚存，便仍有希望！於是，有些動物會在生命的最後一刻，上演華麗的反擊戰。

金鰭稀棘鳚屬於有毒的鳚科。

金鰭稀棘鳚

雙重攻擊

這條金鰭稀棘鳚藏着一對強大武器。牠下頜有兩隻又長又尖的犬齒，犬齒底部含有毒腺，隨着牠咬嚙獵物時，毒液就會同時滲進對方。當你生存的大海裏有各樣天敵想要吞吃你，你只能「咬」出生天。

石斑魚

當金鰭稀棘䲁被困於
一條更大的魚口中，
牠只能做一件事。

那就是用牠那
可怕的尖牙，
狠咬攻擊者的
口腔！

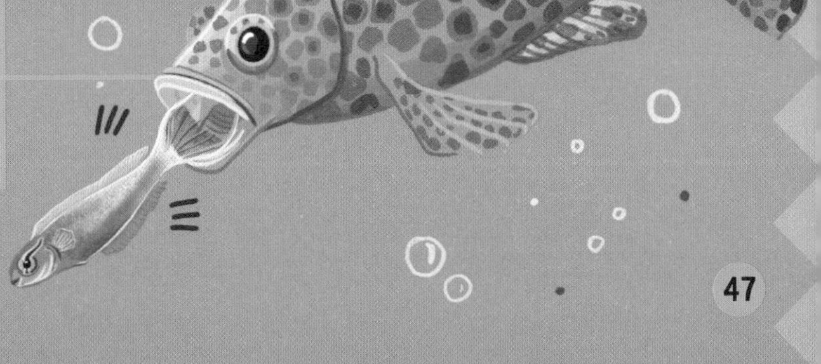

經一事，長一智

金鰭稀棘䲁的攻擊或許不會令
捕食者感到刺痛，但會令牠血
壓急降。可憐的捕食者會開始
顫抖，鬆開口部，金鰭稀棘䲁
就能乘機逃脫！這些受過教訓
的大魚，自此就懂得避開金鰭
稀棘䲁了。

小心氣味

嚇走捕食者的上策是發出警告，但如果捕食者不肯離開呢？在需要情況下，由屁股噴出的臭液可以成為攻擊捕食者的危險武器。

準備、瞄準、發射！

鼬鼠（鼬，粵音右）從屁股噴出難聞的液體，潑濺在捕食者的臉上，這股惡臭由牠們肛門兩邊的肛門腺形成。當鼬鼠準備好要發射時，牠們會把尾部向着捕食者，舉起尾巴，然後回頭瞄準，準備發射。透過猶如噴嘴的肛門，液體會高速噴射，甚至能從3米遠的距離以外射中目標！

狐狸

除了氣味難聞，鼬鼠的噴液還會引致皮膚敏感、嘔吐，以及暫時性失明。

條紋鼬鼠

代表危險的毛色

要讓肛門腺重新注滿臭液，需要好幾天的時間，所以鼬鼠不會隨意噴射液體。牠們會先作出警告，希望能嚇走敵人。鼬鼠那黑白色的皮毛已明確提醒捕食者離牠們遠點，為了加強警示作用，牠們還會對捕食者發出嘶嘶聲、跺腳和低吼。除非到了最後關頭，否則鼬鼠不會動用臭液。

沙漠臭蟲

有些沙漠臭蟲也會採取「屁股朝天」的攻擊方法。跟斑點鼬鼠一樣，沙漠臭蟲先用獨特的姿勢來嚇走敵人，但若然警告無效，就會從尾部噴射出令敵人不適的臭液。然而，有些捕食者找到了對應的方法，例如飢餓的沙居食蝗鼠會在沙漠臭蟲噴射之前，迅速將牠們的尾部推到地上。

斑點鼬鼠

倒立發射

有些鼬鼠，例如斑點鼬鼠，會有一套獨特的警告方式，那就是倒立！雖然這動作看起來很滑稽，但肯定能讓捕食者看見牠們那危險的尾部，不敢魯莽進攻。牠們通常會在四腳着地時才出擊，但如有必要，也可以用倒立的姿勢來噴射液體。

大逃亡

所謂「三十六計，走為上計」，如果那捕食者看起來飢腸轆轆，更應該趕快逃走！動物王國裏有各式各樣的退場策略，有些動物能高速逃跑，有些則會彈跳着離開。

毛毛蟲

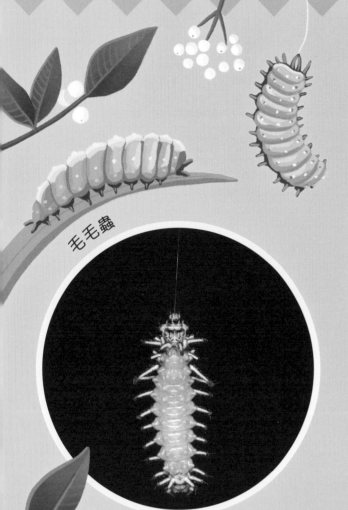

挖洞大法

土豚（非洲食蟻獸）生活在巨大的地洞中，這些洞穴甚至可達73米長。如果土豚在地上遇見捕食者，牠們就會立刻鑽進地洞，或挖一個新的地洞。土豚利用有如鏟子般強大的爪子挖泥，幾分鐘內便可挖進地底。

懸掛的毛毛蟲

有些毛毛蟲會用絲線作為救生索。如果牠們發現自己身處的植物上有其他恐怖的生物，就會快速地從口部附近的吐絲器吐出絲線，然後懸掛在絲線上，直到威脅解除，才爬回去。

土豚

狼

叉角羚

快跑好手

叉角羚是北美洲跑得最快的動物，牠們擁有巨大的肺部和心臟，跑速可高達每小時95公里，比捕食者還要快。叉角羚或許是為了逃離美洲獵豹而進化至這種跑速的，所以美洲獵豹現已絕跡了，叉角羚則茁壯成長，跑起來比狼和郊狼都要快許多。

多功能的顎

鋸針蟻擁有巨大的顎部，方便快速地捕捉獵物，有些鋸針蟻還會運用這個優勢逃離捕食者的陷阱！蟻蛉的幼蟲——蟻獅會在沙土裏挖坑，等螞蟻掉進去後，就能吃掉牠們。但鋸針蟻只要用力將顎部撞向地下，就能產生足夠的反作用力，一躍而起，離開沙坑。

鋸針蟻

有些鋸針蟻合上顎部的速度可快至每小時230公里！

蟻獅

輕功水上飄

雙脊冠蜥結合牠們的超高速度與奇妙的雙腳，竟然可以做出超乎想像的事情！

水上逃亡

在拉丁美洲的森林裏，雙脊冠蜥喜歡在湖泊或溪流上的樹枝棲息。牠們時刻留意有沒有蛇爬到樹上，也注意着空中的雀鳥捕食者。如果察覺有危險，牠們會撲向水源，在水面上快速逃走！

奇妙的雙腳

雙脊冠蜥的後腳強而有力，長長的腳趾布滿鱗片，當牠們碰到水面時，鱗片便會在腳的邊緣展開，令腳的表面面積增大，這樣便不會馬上沉進水裏。

覆蓋了鱗片的腳趾

雙脊冠蜥可以用每秒2米的速度在水面前進！

拍打水面

雙脊冠蜥

雙脊冠蜥共有4個亞種，全部都可以在水面上跑步，逃離危險。

穩定的步速

雙脊冠蜥在水面時，會大力拍打水面，然後向下划動，令腳的附近產生一個氣泡。牠們會在氣泡爆破前將腳提出水面，減少拉力。假如牠們在到達陸地前沉進水裏，就會以游泳前進，甚至藏在水底，直至威脅解除。

划水

重複動作

「滾」出生天

有時，不一定要跑得快才能成功逃脫，讓萬有引力發揮作用，也是最安全的策略之一。

飛來橫禍

在南非納米比沙漠，金輪蜘蛛喜歡留在陡峭的沙丘地洞裏，以躲避陽光和危險。不過，危機會隨時入侵。

致命的卵

雌性蛛蜂善於將蜘蛛從牠的地洞裏挖出來，牠會螫那隻蜘蛛，在蜘蛛體內產卵。可憐的蜘蛛被螫至癱瘓但仍然生存，直至蛛蜂幼蟲孵化後會慢慢把牠吞吃。因此，金輪蜘蛛必須在一切災難發生之前逃脫！

金輪蜘蛛（左）和蛛蜂（右）

金輪蜘蛛被挖出來後，會馬上逃跑。跑了一會兒後，牠會傾側身體，把腳蜷曲起來。

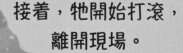

接着，牠開始打滾，離開現場。

卵石蟾蜍

卵石蟾蜍只會在南美洲委內瑞拉兩個平頂山的山巔上出沒。這些細小的兩棲動物需要發揮創意，才能逃離一同棲息在這山巔上的天敵蜘蛛。面對危險時，蟾蜍會把腳摺起來，像一顆卵石般彈跳着滾下山邊，遠離山上那毛茸茸剋星的魔爪。

將卵產在其他動物身上或體內的昆蟲，稱為「擬寄生物」。

金輪蜘蛛

滾下去吧！

在陡峭的沙丘上，打滾比跑步更快。金輪蜘蛛的滾動速度最高可達每秒1.5米，將蛛蜂遠遠拋離！蛛蜂要跟蹤金輪蜘蛛也不容易，因為金輪蜘蛛很輕，打滾時不會留下明顯痕跡。

持續滑翔

有些飛魚可滑翔400米，大概是在運動場跑一圈的距離，不過牠們要一直調節來保持動力。如果身體比預期提早了朝海面下降，牠們會將尾鰭的下葉插進水裏，迅速地擺尾，進行滑行，產生足夠的動力繼續滑翔。

飛魚

科學家也不確定飛魚總共有幾個品種，但估計約有60種。

赤魷

這些不尋常的頭足綱動物用力將水從身體噴出時，就能發力飛上水面。牠們的鰭和臂就像翅膀，幫助牠們在3秒內滑翔超過30米，才返回水面。

無翼飛行

海洋中危機四伏，難怪有些棲息在海裏的生物，要飛出海面來活命呢！

起飛

當飛魚受到捕食者追擊，「翅膀」會摺起來緊貼身側，像魚雷那樣衝向水面。一旦衝出水面，尾鰭較長的下葉通常仍然在水裏，飛魚會猛烈地搖動尾鰭，加強推送力度，然後展開「翅膀」在水上飛行！

劍魚

鰭

以鰭高飛

飛魚的翅膀其實就是鰭。所有飛魚都有巨大的胸鰭，部分還有很大的腹鰭，共有4隻翅膀。不過飛魚不能像雀鳥般拍動翅膀來飛行，比較像是滑翔。但牠們滑翔的速度很快，最快可達每小時72公里，高出牠們游泳速度約2倍。

顧全大局

有些動物逃走時，會留下身體的一部分，那可能是一隻手臂、一條腿、一條尾巴，甚至是部分皮膚，以爭取生存機會！

作出犧牲

自願放棄身體部分，稱為「自割」，各種動物都會運用自割的方式來逃亡，例如蜘蛛、海星、老鼠或八爪魚，蜥蜴更是這方式的代表人物。北美的五線蜥蜴像其他蜥蜴一樣，會犧牲尾巴來換取性命。

一刀兩斷

當捕食者施襲，五線蜥蜴的尾巴就甩掉，你以為是捕食者撕下了牠的尾巴？其實是蜥蜴故意甩掉的。牠們的尾巴有幾個特別易斷的位置，稱為「斷面」，只要牠們收縮這個位置的肌肉，就能把整條或部分尾巴斷掉，並封住血管，確保不會流血。

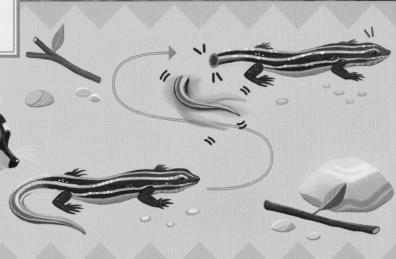

浣熊

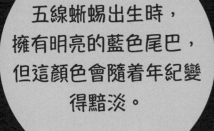

五線蜥蜴出生時，擁有明亮的藍色尾巴，但這顏色會隨着年紀變得黯淡。

五線蜥蜴

斑鱗虎

在非洲東岸的馬達加斯加和葛摩羣島，住了一羣擁有特別技能的蜥蜴——斑鱗虎。如果牠們被敵人抓住，鱗片和部分下面的皮膚會滑落到捕食者口裏，牠們便趁機逃跑，而脫落的部分很快可以再生。

美味的尾巴

五線蜥蜴掉下來的尾巴可以擺動數分鐘，分散捕食者的注意力。有些捕食者得到尾巴，便懶得去追五線蜥蜴了。如果捕食者最後沒吃下這條尾巴，五線蜥蜴可能會回來自己吃掉它。尾巴蘊藏了許多能量，不應該浪費啊！

年幼的五線蜥蜴可以在幾周內重新長出尾巴。

父母的保護

試幻想你遇上了飢餓的老虎，你的父母會挺身而出保護你嗎？相信是一定會的！不僅人類會保護孩子，許多動物都會花上不少時間和心機，建造舒適的居所、趕走捕食者，確保牠們的幼崽能有安全的成長環境。

田鶇

搬家

幼年的獵豹很容易被體形較大的動物吃掉，如果牠們在同一個地方逗留太久，捕食者可能會嗅出牠們的位置。因此，獵豹媽媽每隔幾天就會將幼崽一隻一隻地叼到新的獸穴去。

獵豹

幼鳥保鏢

田鶇（粵音東）會在同類附近築巢，團結起來守護幼鳥。牠們有無窮無盡的彈藥可以用，那便是以鳥糞來轟炸敵人！

獅子

帶着尖刺的父母

犀牛的英文是rhinoceros，意思是「鼻子有角」，牠們的鼻子上通常有1至2個尖角。犀牛媽媽每次只會生一個孩子，牠會極力保護孩子，用自己鼻子上那厲害的武器抵禦獅子和鬣狗等捕食者，不讓牠們靠近。

犀牛

犀牛的角由角蛋白構成，角蛋白在我們的頭髮和指甲也可找到呢！

黃蜂

棘角蟬的若蟲狀態

良好的震動

年幼的棘角蟬在初生的頭幾周，會在植物的莖上聚集在一起。如果牠們看見有黃蜂靠近，就會搖動身體，這種震動會透過莖部傳出去。棘角蟬媽媽一直在附近守着，牠們收到這求救訊號，就會爬上去攻擊敵人，踢走黃蜂。

真正的入口

密封的入口

南攀雀

棲息在南非的南攀雀，牠們的鳥巢與別不同，上面有一個很大的假入口，進去後便會發現只是死胡同，令捕食者誤以為鳥去巢空！真正的入口其實在假入口上面。南攀雀父母用爪推開看似是密封的入口，溜進去後，這道秘密的門就會自行關上。

草蛉卵

安全庇護所

即使是動物，身為父母，最重要的是為幼兒提供安全的居所，讓牠們可以安心成長，不會受到捕食者的侵害。不過，建造居所有時是需要一點創意的。

牢固的絲線

草蛉（粵音玲）產卵的策略雖不常見，但很實用。草蛉媽媽會從腹部擠出一滴液體，然後把這滴液體拉成一條幼長、堅韌的絲線。這條絲線在幾秒內就會乾透，牠們便會在絲的末端產卵。

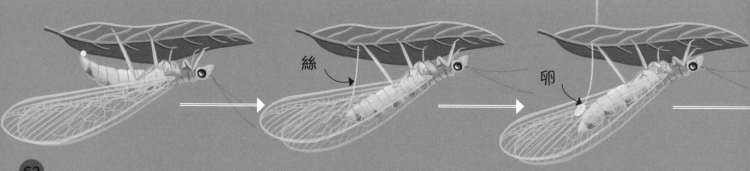

絲

卵

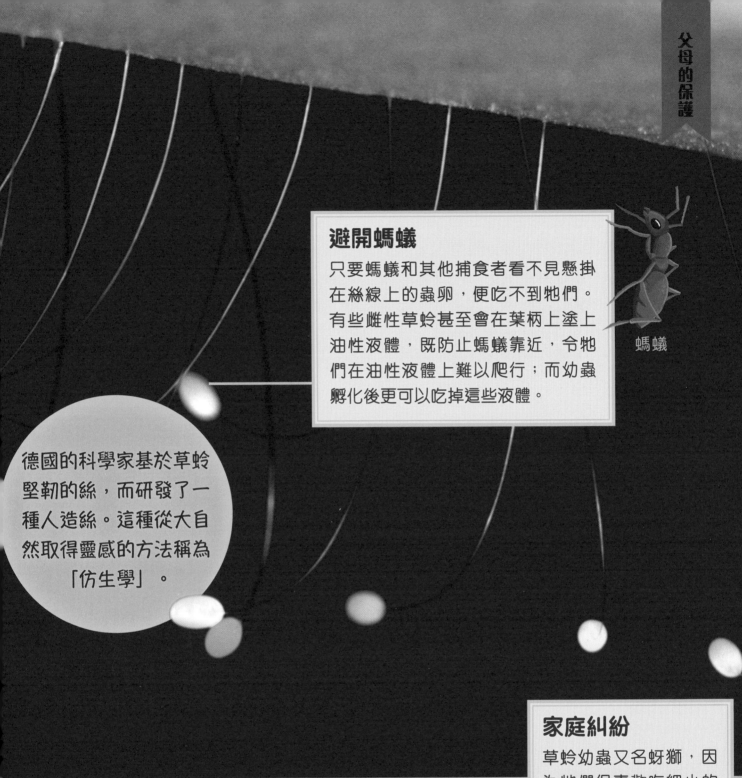

避開螞蟻

只要螞蟻和其他捕食者看不見懸掛在絲線上的蟲卵，便吃不到牠們。有些雌性草蛉甚至會在葉柄上塗上油性液體，既防止螞蟻靠近，令牠們在油性液體上難以爬行；而幼蟲孵化後更可以吃掉這些液體。

螞蟻

德國的科學家基於草蛉堅靭的絲，而研發了一種人造絲。這種從大自然取得靈感的方法稱為「仿生學」。

家庭糾紛

草蛉幼蟲又名蚜獅，因為牠們很喜歡吃細小的蚜蟲。不過，草蛉有個壞習慣，就是會吃掉兄弟姐妹的卵。所以草蛉媽媽以一條條絲線分隔牠們，以保護蟲卵免受自己人和敵人的侵襲。

蚜蟲

幼蟲

草蛉經常在樹葉和樹枝上產卵。

假裝受傷

脆弱的幼兒是捕食者唾手可得的美食。父母為了保護幼兒，不惜上演一場受傷的戲碼，引開捕食者注意，環頸鴴（粵音行）便是其中之一。

環頸鴴蛋

環頸鴴

沙灘上的雛鳥

環頸鴴蛋上的斑點，有助蛋容易藏身在沙灘或石灘上，而孵化後的雛鳥也很容易融入這個環境。然而，如果狐狸走得夠近，也能發現牠們。雖然把鳥巢築在如此開放的地方的確有風險，但同時，環頸鴴父母能輕易察覺捕食者接近，並立刻採取行動。

環頸鴴雛鳥

你上當了！

時間是關鍵，要擊退狐狸，成鳥會看準時機，飛出鳥巢，故意軟弱地晃動翅膀，或將一隻翅膀拖在地上行走，假裝受到重創。受傷的獵物是捕食者很容易捕獵的小吃，所以會引起牠們的興趣。狐狸仍未察覺附近有一個更容易攻擊的鳥巢，卻被成鳥的演技吸引了目光。

狐狸

振翅高飛

將狐狸引離鳥巢後，環頸鴴就會展開根本沒受傷的翅膀，飛回巢裏！在陸地上行走的狐狸只能眼白白地看着美味的小吃飛走。不過，這種策略對飛行的捕食者不一定行得通，因為牠們可以在半空中捉住逃跑的環頸鴴。

這是一種「假裝翅膀受傷」的策略。

袖蝶

植物的力量

動物並不是唯一懂得驅趕、欺騙和攻擊敵人的物種，植物也經常面對飢餓的草食性動物，施展了不少生存策略。

西番蓮

是日關店

含羞草是敏感的植物，向人們表示「不要碰我」，天生具有精妙的防禦機制。當受到觸碰時，含羞草的葉子會合起來，既可以警告在附近覓食的草食性動物，也可以將葉子上的昆蟲趕走。

防產卵策略

袖蝶想在西番蓮上產卵，但西番蓮想阻止牠們，以免自己將來被許多飢餓的毛毛蟲吃掉。由於蝴蝶不會在已有許多蟲卵的地方產卵，於是西番蓮的葉子上會出現一些像蟲卵的斑點，誤導蝴蝶以為這塊葉子已經布滿蟲卵而離開。

含羞草

亞馬遜王蓮

海牛

你敢咬我一口！

亞馬遜王蓮的葉子長度超過2米，是世界上最大的睡蓮，我們甚至可以把葉子當成椅子來坐。然而，小心別坐在葉子的背面，這些巨型的浮葉下有許多尖刺，防止在水中覓食的魚類和海牛把它們吃掉。

超過200種植物可以黏住沙土。

黃沙馬鞭草

沙土盔甲

黃沙馬鞭草可以在沙質環境中茁壯成長。它們會從葉子和莖上的腺體釋出黏液，當風吹起沙土，沙子就會黏在它們身上，就像長出了一副沙土盔甲！這種粗糙的植物會磨壞捕食者的牙齒，令捕食者避開進食。

是植物還是卵石？

不僅動物會用外表來騙過敵人，有些植物也很會偽裝，扮成當地草食性動物不愛吃的東西。

美味的目標

在南非的石質荒漠裏，滿地都是石頭，但有些石頭是生石花假扮而成的。生石花是一種肉質植物，它們肥厚的葉子很適合儲存水份，但這種特性使它們成為草食性動物的頭號目標，因為它們既能吃又可解渴，難怪生石花不得不成為偽裝專家。

生石花的英文名字lithops，來自希臘語中的「石頭」(lithos) 和「臉」(ops) 。

綻放一刻

生石花在兩塊葉子的縫隙開花時，是它們唯一像植物多於石頭的時候。花凋謝後，生石花就會換裝束，像石頭般的新葉子會從縫隙中長出，取代枯萎了的舊葉。

生石花約有40個品種，它們有不同的顏色和斑紋，就像卵石那樣。

埋藏了的珍寶

生石花很大部分都長在地底，地面上只能看到它們的葉尖。葉子表面有些半透明的地方，像窗戶一樣讓陽光透進到植物隱藏起來的部分，並在地底進行光合作用。這種特別的地底生存模式，讓生石花除了可以避過一些捕食者，也能保存水分，並在乾燥的環境中保持清涼。

植物與螞蟻

對植物而言，遭昆蟲入侵或許會帶來許多麻煩。不過，並非所有昆蟲都會把植物咬死，有些昆蟲甚至還能保護植物，幫助它們對抗天敵。

樂於助人的室友

在非洲熱帶稀樹草原上，有些樹木很怕大象。大象是草食性動物，牠們身形龐大，能吃掉整棵多刺的植物，甚至把樹推倒！幸好，鐮莢金合歡有許多螞蟻室友，這些室友絕對不會容許大象欺負它。

每棵樹
都可以容納
90,000隻螞蟻
棲息其中！

小螞蟻大戰大象

如果有大象看準了螞蟻身處的大樹，準備要開動時，螞蟻就會衝上牠的象鼻，咬牠這個敏感部位。螞蟻會釋放一種稱為費洛蒙的化學物，通知樹上其他螞蟻一起來攻擊大象。透過團隊合作，這些細小的昆蟲也能趕走龐大的大象呢！

金合歡樹
（相思樹）

歐白英

有種植物叫歐白英，當它們被咬，就會「流血」！其實它們流的不是血，而是一滴滴花蜜，且會引來一堆愛甜的螞蟻。螞蟻會吃掉花蜜，而作為回報，牠們會成為歐白英的保護者，趕走想在歐白英上面鑽洞的葉蚤幼蟲，還會攻擊想要吃花蜜的蛞蝓！

鐮莢金合歡上
的螞蟻兵團

早餐旅館

鐮莢金合歡的英文名（whistling thorn acacia）與螞蟻有關。金合歡樹某些刺（thorn）的底下有些稱為「蟲菌穴」的空穴，螞蟻會咬穿小洞，住進蟲菌穴。當風吹過小洞時，會發出哨聲（whistle），金合歡樹因而得名。金合歡樹會在葉子上滲出花蜜，成為螞蟻的食物，而螞蟻則保護這些樹。

鐮莢金合歡上充滿
一股螞蟻的味道，
單是這樣已經令大
象敬而遠之！

71

化學武器

許多植物都布滿有毒的化學物，以趕走甚至殺死那些草食性敵人。

小蠹蟲

歐洲雲杉

迷你的威脅

針葉樹是無花植物，松樹和雲杉同樣屬於針葉樹。許多針葉樹都長得很高，也很長壽，但也要面對由細小生物引致的危機。小蠹蟲（蠹，粵音到）住在樹皮裏，會挖掘隧道來產卵。幼蟲孵化後，牠們會吃樹木，挖掘隧道。雖然大部分的小蠹蟲會住在已死或正在枯死的樹中，但牠們也會摧毀健康的樹。

梅花鹿

異株蕁麻

異株蕁麻（蕁，粵音尋）的葉子和莖都長滿了細而尖的毛狀體，它們會把有毒的化學物注入與它們擦過的生物，引起痛楚。梅花鹿以日本的奈良公園為家已經過千年，牠們會懂得避開有許多毛狀體的異株蕁麻。比起沒有鹿的地區，公園裏異株蕁麻的毛狀體更為茂密，似乎這種植物為了趕走鹿而加強了武裝呢！

小心樹脂

許多針葉樹都以樹脂來保護自己。樹脂這種液體是在壓力下產生和儲存的，例如大樹被甲蟲入侵和挖洞，就會滲出這些黏液。樹脂對甲蟲是有毒的，甚至還能淹死牠們！樹脂流到樹外就會凝固，像膠布那樣封住傷口。

松樹會結出毬果，當環境乾燥、毬果成熟，毬果便會裂開，在風中傳播種子。

受困於琥珀內的昆蟲。

全球暖化對針葉樹造成了嚴重的影響，它們有些變得脆弱，無法自保，而溫度上升令侵害針葉樹的昆蟲數量增加。

琥珀墓穴

一直以來，植物都會以樹脂來保護自己，而琥珀則是樹脂化石，最古老的一塊琥珀可以追溯至3億2,000萬年前！昆蟲和其他生物的屍體都困在樹脂裏，讓我們得以窺見地球上奇妙的古生物。

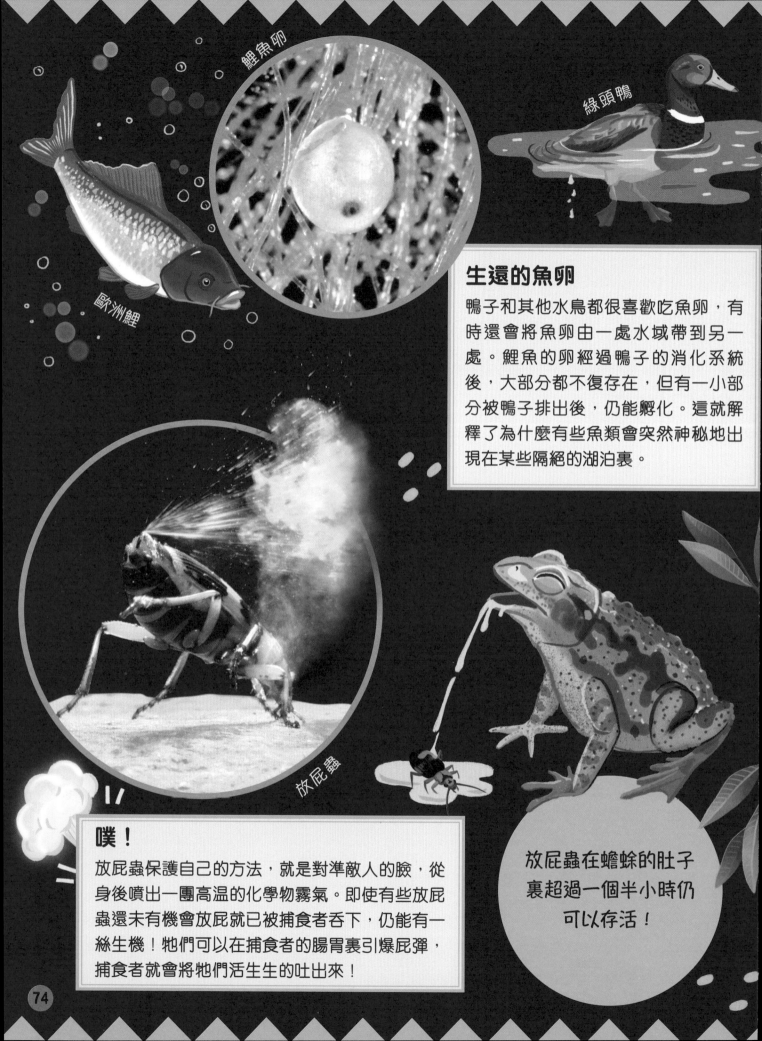

鯉魚卵

綠頭鴨

歐洲鯉

放屁蟲

生還的魚卵

鴨子和其他水鳥都很喜歡吃魚卵，有時還會將魚卵由一處水域帶到另一處。鯉魚的卵經過鴨子的消化系統後，大部分都不復存在，但有一小部分被鴨子排出後，仍能孵化。這就解釋了為什麼有些魚類會突然神秘地出現在某些隔絕的湖泊裏。

噗！

放屁蟲保護自己的方法，就是對準敵人的臉，從身後噴出一團高溫的化學物霧氣。即使有些放屁蟲還未有機會放屁就已被捕食者吞下，仍能有一絲生機！牠們可以在捕食者的腸胃裏引爆屁彈，捕食者就會將牠們活生生的吐出來！

放屁蟲在蟾蜍的肚子裏超過一個半小時仍可以存活！

倖存者

有些動物和植物很懂得生存的藝術，甚至還活得很好！即使被吃掉，仍能完好無缺地走出來，或是忍受從入口走到出口。

你沒法消化我！

有些海螺和淡水螺被魚類吃掉也能沒事，牠們只需將柔軟的身體縮進殼裏，然後關上殼蓋（一個像門的圓盤），封上入口。這樣蜷縮在自己的盔甲裏，海螺就能抵禦魚的消化液。

羅德葉泡蛙

海螺

水蛇

逃出生天

被蛇吞掉的好處，就是蛇通常會把食物整個吞掉，有時在吞掉時，那食物還是活生生的。若然獵物能夠在被吞入去的途中存活，或許能完好無缺地走出來。羅德葉泡蛙跟大部分蛙類一樣，皮膚上有些引致捕食者不適的化學物，如果有蛇傻傻地吞下牠們，數分鐘後便會把牠們反芻出來。

辣辣的滋味

辣椒的果實裏含有充滿辣椒素的細小種子，令果實變得很辣。齧齒類動物的腸胃受不了辣椒素，所以會跟辣椒保持距離，但雀鳥吃辣椒時卻不會感受到齧齒類動物和人類的辣感。當辣椒成熟變成紅色，雀鳥就會欣然享用。

周遊列國的種子

　　許多植物都會主動吸引動物來吃它們，或者吃一部分，幫助它們繁殖。雖然植物無法四處跑動去傳播種子，卻能把種子放在美味又有營養的果實裏，動物吃下果實後，就能排出種子。

果蝠

果蝠會吃各式果實，包括無花果和的番石榴（芭樂），然後把部分種子吐出來，又把部分吞下去。到吃下的種子被排出來時，果蝠已經遠遠離開了原本的果樹。果蝠是種子重要的傳播者，但許多品種的果蝠都瀕臨絕種。若然果蝠絕種，恐怕某些植物也會隨之消失。

其他傳播種子的動物包括魚、蜥蜴和陸龜。穿越動物的消化系統，種子會有更大的機會茁壯成長。

無花果

番石榴

咬碎或直接吞嚥

辣椒會吸引某些動物，同時令另一些動物抗拒，其實某程度上，植物也挑選了由誰來吃自己的果子。齧齒類動物會啃咬食物，連種子也被咬破，但雀鳥（例如愛吃辣椒的彎嘴嘲鶇）會把整顆果實吞下。種子經雀鳥排出後，仍然保持完整，可以好好成長。

彎嘴嘲鶇

棲息與排便

雀鳥會將種子帶到新的地方，這樣就能確保種子不會跟原生植物爭奪資源。雀鳥經常在樹木或灌木上棲息時排便，辣椒便可以在其他植物的樹蔭下生長。

作者簡介

約塞特·里夫斯
（Josette Reeves）

作家、編輯，熱愛大自然，居住在英國蘭開夏。她的第一本書 *Got to Dance*，講述了一隻喜愛跳舞的猴子。而本冊圖書是她第一本非小說類作品，知識性更豐富。此外，她也會為兒童雜誌撰寫短故事和文章。

繪者簡介

雅思亞·奧蘭多
（Asia Orlando）

數碼藝術家、插畫家和環保人士，為書籍、雜誌、產品和海報繪圖。其作品着重動物、人類和環境之間的和諧關係。為 Our Planet Week的創辦人，旨在透過社交媒體活動，集合插畫家的力量，解決環境問題。

鳴謝

謹向以下單位致謝，感謝他們允許使用照片：

(Key: a-above; b-below/bottom; c-centre; f-far; l-left; r-right; t-top)

2 Dorling Kindersley: Asia Orlando 2022 (bl). 3 Dorling Kindersley: Asia Orlando 2022 (tl); Asia Orlando 2022 (br). 4-5 Dorling Kindersley: Asia Orlando 2022 (t); Asia Orlando 2022 (b). 6-7 Dorling Kindersley: Asia Orlando 2022 (illustrations). 6 Alamy Stock Photo: Nature Picture Library / Alex Mustard (cl). naturepl.com: Alex Mustard (cr). 7 naturepl.com: Gerrit Vyn (tr); Andy Sands (cb). Shutterstock.com: Mariemily Photos (bl). 8 Alamy Stock Photo: Juniors Bildarchiv GmbH / F382 (tr). Getty Images / iStock: merlinpf (clb). 8-9 Dorling Kindersley: Asia Orlando 2022. 9 Alamy Stock Photo: Rick & Nora Bowers (br); Genevieve Vallee (cl). 10 Alamy Stock Photo: David Carillet (c). 10-11 Dorling Kindersley: Asia Orlando 2022. 11 Alamy Stock Photo: Pally (bl); sablin (c). 12-13 Dorling Kindersley: Asia Orlando 2022 (illustrations). 12 Alamy Stock Photo: Nature Picture Library / Wild Wonders of Europe / Pitkin (b). 13 Alamy Stock Photo: Nature Picture Library (c). naturepl.com: Doug Perrine (bl). 14-15 Alamy Stock Photo: Richardom. 15 Dorling Kindersley: Asia Orlando 2022 (r). 16-17 Dorling Kindersley: Asia Orlando 2022. 16 © Patrick J Endres / www.AlaskaPhotoGraphics.com: (tl). Shutterstock.com: feathercollector (clb). 17 Alamy Stock Photo: Nature Picture Library / Tony Wu (cl). Getty Images: Moment / Kryssia Campos (tr). 18 Dorling Kindersley: Asia Orlando 2022. 19 Alamy Stock Photo: Minden Pictures / BIA / Greg Oakley (crb). naturepl.com: Klein & Hubert. 20-21 Alamy Stock Photo: Stocktrek Images, Inc. / Bruce Shafer (b). 22-23 Alamy Stock Photo: Arterra Picture Library / Arndt Sven-Erik (t). Dorling Kindersley: Asia Orlando 2022 (illustration). 23 Getty Images: Gary Chalker (clb). 24 Dreamstime.com: Ken Griffiths (br). Science Photo Library: Christian Laforsch (cla). 24-25 Dorling Kindersley: Asia Orlando 2022. 25 Alamy Stock Photo: Auk Archive (cr); Minden Pictures / Pete Oxford (tc). 26 Alamy Stock Photo: Nature Picture Library / Daniel Heuclin (bc). Dorling Kindersley: Asia Orlando 2022. Getty Images / iStock: 2630ben (tr). 27 naturepl.com: Pete Oxford. 28 Alamy Stock Photo: Clarence Holmes Wildlife (tr). Dorling Kindersley: Asia Orlando 2022. 29 Alamy Stock Photo: Nature Picture Library / Jan Hamrsky (tl). Judy Gallagher. 30 Dreamstime.com: Brian Lasenby (clb); Ondřej Prosický (tr). 30-31 Dorling Kindersley: Asia Orlando 2022. 31 Alamy Stock Photo: hemis.fr / GUIZIOU Franck (br). naturepl.com: Daniel Heuclin (tr). 32-33 Dorling Kindersley: Asia Orlando 2022 (illustrations). 32 Dreamstime.com: Narint Asawaphisith (br). Getty Images: Corbis Documentary / Robert Pickett (tl). 33 Dreamstime.com: Henrikhl (cl). 34-35 Dorling Kindersley: Asia Orlando 2022. 34 Getty Images / iStock: kikkerdirk. 35 Alamy Stock Photo: Minden Pictures / Konrad Wothe (clb). 36 Alamy Stock Photo: Minden Pictures / Donald M. Jones (br). inaturalist.org: By spidereyes (tl). 36-37 Dorling Kindersley: Asia Orlando 2022. 37 Alamy Stock Photo: Minden Pictures / Silvia Reiche (clb). Dreamstime.com: I Wayan Sumatika (cr). 38 Alamy Stock Photo: Clarence Holmes Wildlife (c); Nature Picture Library / Michael Durham (cr). 38-39 Dorling Kindersley: Asia Orlando 2022. 39 Alamy Stock Photo: Nigel Cattlin. naturepl.com: Nick Upton (tl). 40-41 Dorling Kindersley: Asia Orlando 2022. 40 Alamy Stock Photo: Amazon-Images (r). 41 Dreamstime.com: Moose Henderson (br). naturepl.com: John Cancalosi (l). 42 Shutterstock.com: Alec Bochar Photography (tc). 42-43 Dorling Kindersley: Asia Orlando 2022. Getty Images: Photodisc / Ed Reschke (t). 44 Alamy Stock Photo: Norman Owen Tomalin (tl). Dreamstime.com: Derrick Neill (crb). 44-45 Dorling Kindersley: Asia Orlando 2022 (illustrations). 45 Alamy Stock Photo: Annelies Leeuw (cr); Minden Pictures / Norbert Wu (bl). 46-47 Alamy Stock Photo: Pally. 47 Dorling Kindersley: Asia Orlando 2022 (r). 48 Dorling Kindersley: Asia Orlando 2022 (illustrations). Dreamstime.com: Geoffrey Kuchera (br). 49 Alamy Stock Photo: blickwinkel / A. Hartl (crb). Shutterstock.com: Agnieszka Bacal. 50 Alamy Stock Photo: S.Tuengler - inafrica.de (br). Dreamstime.com: Matee Nuserm (cla). 50-51 Dorling Kindersley: Asia

Orlando 2022 (illustrations). 51 Dreamstime.com: Orionmystery (br). Getty Images / iStock: FRANKHILDEBRAND (tl). 52 naturepl.com: Ingo Arndt (cl). 52-53 Alamy Stock Photo: Nature Picture Library / Bence Mate (t). Dorling Kindersley: Asia Orlando 2022 (illustrations). 54-55 Dorling Kindersley: Asia Orlando 2022 (illustrations). 54 Alamy Stock Photo: Minden Pictures / Michael & Patricia Fogden (crb). 55 Alamy Stock Photo: Minden Pictures / Michael & Patricia Fogden. 56 Alamy Stock Photo: Anthony Pierce; Anthony Pierce (bc). 57 Alamy Stock Photo: Pally (bl). Dorling Kindersley: Asia Orlando 2022 (cr). 58-59 Dorling Kindersley: Asia Orlando 2022 (illustrations). Dreamstime.com: Dwiputra18 (t). 60 Alamy Stock Photo: Nature Picture Library / Anup Shah (bl). Getty Images: 500px / Vitor Dubinkin (cr). 60-61 Dorling Kindersley: Asia Orlando 2022 (illustrations). 61 Alamy Stock Photo: Svetlana Foote (cr); George Grall (bl). Dorling Kindersley: Asia Orlando 2022 (bc, clb). 62-63 Alamy Stock Photo: Avalon.red / Anthony Bannister (t). Dorling Kindersley: Asia Orlando 2022 (illustrations). 62 Leslie Larson: (tl). 64 naturepl.com: Paul Hobson; Winfried Wisniewski (cra). 65 Dorling Kindersley: Asia Orlando 2022 (r). naturepl.com: David Woodfall (tc). 66-67 Dorling Kindersley: Asia Orlando 2022. 66 Alamy Stock Photo: Organica (bl). Science Photo Library: Geoff Kidd (cra). 67 Dreamstime.com: Andreistanescu (br). 68-69 Dorling Kindersley: Asia Orlando 2022 (illustrations). 68 Alamy Stock Photo: AfriPics.com (cla). Getty Images / iStock: Stramyk (b). 69 Alamy Stock Photo: imageBROKER / Guenter Fischer (t). 70-71 Dorling Kindersley: Asia Orlando 2022 (illustrations). Theo Groen: (t). 72-73 Dorling Kindersley: Asia Orlando 2022. 72 Dreamstime.com: Bos11 (tr); Chon Kit Leong (bc). 73 Alamy Stock Photo: blickwinkel / F. Hecker. Dreamstime.com: Roman Popov (cr). 74-75 Dorling Kindersley: Asia Orlando 2022. 74 Alamy Stock Photo: blickwinkel / Hartl (tc). naturepl.com: Nature Production (clb). 75 Nature In Stock: Thijs van den Burg (clb). naturepl.com: Wild Wonders of Europe / Lundgren (cr). 76-77 Dorling Kindersley: Asia Orlando 2022 (illustrations). Dreamstime.com: Lori Martin (t). 77 Dreamstime.com: Lukas Blazek (cr).

Cover images: Front: Dreamstime.com: Ecophoto tl; naturepl.com: Tim Fitzharris bl, Anup Shah br; Shutterstock.com: Image Source on Offset / Ken Kiefer 2 tr; Back: Alamy Stock Photo: Patrick Hudgell bl; naturepl.com: Franco Banfi br, SCOTLAND: The Big Picture tl, ZSSD tr.

All other images © Dorling Kindersley
For further information see: www.dkimages.com

作者約塞特謹向以下人員致謝：

My agent, Alice Williams, for being so enthusiastic about the book from the very start and for finding it such a perfect home with DK. And the fabulously supportive and creative DK team themselves, especially editor James Mitchem and designers Charlotte Milner and Bettina Myklebust Stovne.

Asia Orlando, whose illustrations have brought our book to life and made it so much more beautiful and fun than I ever could have imagined.

My partner, Nick, for the constant help, love, and encouragement. And Peggy, my dog, who was less practically helpful but always available for snuggles. I hope neither of you ever get eaten.

DK謹向以下人員致謝：

Caroline Twomey for proofreading; Marie Lorimer for indexing; Laura Barwick for picture research; Rituraj Singh for picture library assistance; Pankaj Sharma for DTP assistance, and Alice Williams of Alice Williams Literary.